U0260409

锅炉防磨防爆检查人员
安全手册

大唐国际防磨防爆培训基地　编

中国电力出版社
CHINA ELECTRIC POWER PRESS

图书在版编目（CIP）数据

锅炉防磨防爆检查人员安全手册/大唐国际防磨防爆培训基地编.
— 北京：中国电力出版社，2014.9
ISBN 978-7-5123-5958-1

Ⅰ.①锅… Ⅱ.①大… Ⅲ.①锅炉－安全技术－技术手册 Ⅳ.
①TK223.6-62

中国版本图书馆CIP数据核字（2014）第 108575 号

中国电力出版社出版、发行
（北京市东城区北京站西街 19 号　100005　http://www.cepp.sgcc.com.cn）
北京盛通印刷股份有限公司印刷
各地新华书店经售

*

2014 年 9 月第一版　　2014 年 9 月北京第一次印刷
880 毫米 ×1230 毫米　32 开本　2.875 印张　114 千字
印数 0001—3000 册　　定价 **18.00** 元

《锅炉防磨防爆检查人员安全手册》
编委会

　　欣闻《锅炉防磨防爆检查人员安全手册》已编写完成，倍感欣慰和鼓舞！火电厂从事电力设备检修工作的人都知道，锅炉防磨防爆检查工作是一项艰难险重且对专业技能要求较高的工作。但长期以来，防磨防爆安全检查一直没有形成一部较为统一的、指导性强的安全检查规章，这本手册的适时出现，及时填补了这项空白，意义深远！

　　对于从事锅炉防磨防爆检查工作的同志来说，工作中存在着很多危险点，如何避免事故的发生，更好地保护设备及人身的安全，成为员工上岗之前必须要掌握的一项重要技能。本书的内容均来源于生产实践，是从事防磨防爆安全检查工作的概括、提炼和总结，所以它可以更好地为生产服务。翻开这本书，可感受到字里行间渗透着编写人员丰富的专业知识、严谨负责的编写态度、简练精确的专业行文风格，可谓责任在心，用心良苦！

　　如果每一位阅读此规章的读者，能够从中受益并形成正确的、安全的防磨防爆检查理念、方式和方法，我们将备受鼓舞，也实现了我们编写此手册的初衷。

因为是第一本有关锅炉防磨防爆检查的安全规章，是新生事物，相信它的影响力也会随着时间的推移而逐渐显现。同时它也不可避免会有稚嫩甚至瑕疵之处，还需要我们所有从事这方面工作的专业人士去丰富它，完善它，使它更科学、更完整、更实用。我们有充分的理由相信，在不久的将来，它一定会是一本在行业里具有指导意义的操作指南！

　　今作此序以表达为这本手册编写而付出辛勤劳动的所有专业技术人员，以及支持这项工作的各级领导深深的谢意和崇敬之情！同时，也衷心地祝愿大唐国际防磨防爆培训基地越办越好，为大唐集团的发展做出应有贡献。

张家口发电厂厂长　　李建东

前言

　　安全，是一个永恒的主题。安全，是生产中最基本也是最重要的要求。安全生产既是我们生命健康的保障，也是企业生存与发展的基础，更是社会稳定和经济发展的前提，因此防患于未然就成为实现安全生产的一项很重要的工作。电力生产在各类生产中具有特殊性，因此实现电力安全生产就有其特殊要求。

　　近年来，为适应锅炉蒸发量日益增大的需求，锅炉水循环以及燃烧方式的增加或改变，必然导致锅炉受热面热负荷的不断增加，加之机组参与调峰、加减负荷频繁且升降幅度较大、机组运行中参数控制调整失当、锅炉水化学处理不善等诸多因素的影响，不可避免地使锅炉受热面出现蠕变、过热、疲劳、磨损、腐蚀，这些因素日积月累最终导致锅炉受热面受损而发生事故。据统计资料显示，在火力发电厂发生的锅炉事故中，因锅炉受热面失效导致发生事故的频率最高，所以锅炉受热面失效损坏已成为专业技术人员关注的焦点。而锅炉防磨防爆检查工作，如同五项技术监督一样成为保证锅炉及机组安全、经济、稳定运行不可或缺的组成部分，因此建立一套科学完善的检查规章制度尤为重要。

　　防磨防爆检查是电力设备检修工作中一项重要的、普遍的、难度较大的工作，也是一项高技能、风险大的工作。此书的编写者以多年防磨防爆工作实践为基础，总结提炼出一套适用于防磨防爆检查专业的安全操作规程。它强调了专业性、安全性，是一部防磨防爆安全检查的操作指南。

　　张家口发电厂锅炉车间防磨防爆班成立于2003年12月，在成

安全生产　你我参与

立的8年时间里，锅炉因受热面爆破造成的非计划停运事故呈逐年下降趋势，在2010年更是创造了全年8台锅炉未因受热面失效造成机组非停的佳绩。

2011年8月29日，大唐国际发电股份有限公司（以下简称大唐国际）委托张家口发电厂筹建大唐国际防磨防爆培训基地。2012年6月，基地完成评估并正式挂牌。基地聘请行业专家进行现场技术指导、专业讲座、定期研讨，促进信息交流、人员培训，为大唐国际以及整个电力行业优质快速培养防磨防爆专业技术人才提供有力的平台，进一步促进了各电厂防磨防爆管理的规范化、制度化。

该书成功付梓，既是张家口发电厂及各兄弟单位精诚协作、共同努力的结晶，也是众多编写人员辛勤付出的成果，在此一并表示衷心的感谢。

这部《锅炉防磨防爆检查人员安全手册》是大唐国际公司系统乃至行业内的第一部锅炉防磨防爆专业安全操作规程，尽管在编写中慎之又慎，但难免有不妥之处，还请各位专家、同行多提宝贵意见和建议，共同使之完善，使它真正成为电力设备检修方面防磨防爆检查领域一部经得起时间考验的安全规程。

编　者
2014年3月

目 录

第一章　从业人员岗位要求

　　发电企业在安全生产工作中，应奉行"以人为本"的安全方针政策，员工身心健康以及精神状态是否良好，直接影响到每一天的工作效率，同时对一个电厂、对一个公司的安全生产和经济效益的提升都起着至关重要的作用。

　　由于锅炉专业防磨防爆检查属于高危作业范畴，高空作业频繁，危险系数大，因此要求工作人员上岗前一定要确认自己的身体状况是否符合工作要求（例如有无心脏病、高血压等疾病，有无生病、酗酒、睡眠不足、精神不佳等情况，这些都可能导致员工在工作中出现意外，发生人身伤亡事故）。工作中，如果身体或精神状态感觉不适，应马上停止工作，与工作负责人沟通后，退出工作现场，确保人身安全。

　　因此，每一名从事锅炉防磨防爆检查工作的员工，在上岗之前，必须要对自己的身心状态进行真实评估并做出最客观的评价，告知工作负责人，确保每一天的工作都能够安全、顺利、高效开展。

第二章　岗位着装规范及必备工具介绍

第一节　标准着装示范

春装

冬装

第二节 岗位安全防护用具及劳保用具介绍

从事防磨防爆的检修人员应按规定正确使用安全及劳保用具，切实保护自身不受伤害。所有使用的安全及劳保用品必须符合国家行业标准。使用这些用具前，必须对其进行外观与功能检查，未能达到安全规范标准的，一律禁止使用。

岗位劳保用品简介

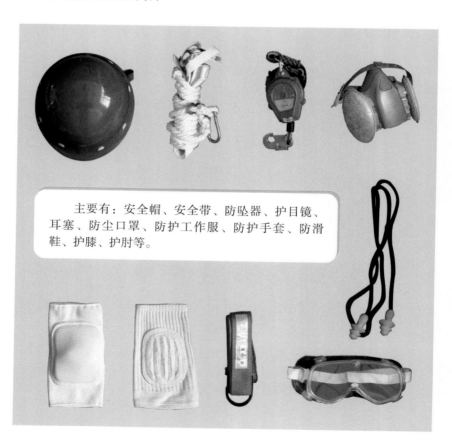

主要有：安全帽、安全带、防坠器、护目镜、耳塞、防尘口罩、防护工作服、防护手套、防滑鞋、护膝、护肘等。

安全帽

　　安全帽的防护作用是当作业人员头部受到坠落物、硬质物体的冲击或挤压时，用以减小冲击力，消除或减轻其对人体头部的伤害。

每顶安全帽应有以下四项永久性标志：

- 制造厂名称、商标、型号
- 制造年月
- 生产合格证和验证
- 生产许可证编号

使用安全帽应做到：

- 保持清洁
- 经常检查
- 每2～3年更换一次
- 选购合格品
- 调整适当松紧
- 系好下颌带
- 保持帽壳与头顶有足够安全缓冲距离

使用安全帽应禁止：

- 涂上或喷上油漆
- 有损坏时仍然使用
- 使用有机溶剂清洗
- 抛掷或敲击
- 在其上部钻孔
- 当板凳坐
- 接触火源
- 歪戴、反戴
- 随意调节安全帽尺寸（帽体、帽衬分散条、系带、帽衬顶带、吸收冲击内衬、帽衬环形带、帽檐）

安全带、防坠器

人体在距离地面2m以上高度作业时，若没有防护措施，一旦发生坠落，就有可能发生伤亡事故。因此，和世界上许多国家一样，我国GB 26164.1—2010《电业安全工作规程》中规定凡在离坠落基准面2m及以上地点进行的工作，都应视作高处作业；在没有脚手架或者在没有栏杆的脚手架上工作，高度超过1.5m时，必须使用安全带，或采取其他可靠的安全措施。

安全带是高处作业人员预防坠落伤亡的个人防护用品，由带子、绳子和金属配件组成，总称安全带。安全带适用于围杆、悬挂、攀登等高处作业用，不适用于消防和吊物。

防坠器也称速差防坠器，是指施工人员在高处作业遇到意外时，能够在一定的距离差之内快速锁止，起到保护施工人员安全的作用。

安全带（或防坠器）的分类标记：

安全带的标记由作业类别和产品性能两部分组成。

——作业类别：以字母W代表围杆作业安全带，以字母Q代表区域限制安全带、以字母Z代表坠落悬挂安全带；

——产品性能：以字母Y代表一般性能，以字母J代表抗静电性能，以字母R代表抗阻燃性能，以字母F代表抗腐蚀性能，以字母T代表适合特殊环境。（各性能可组合）

示例：围杆作业、一般安全带表示为"W-Y"；区域限制、抗静电、抗腐蚀安全带表示为"Q-JF"。

安全带（或防坠器）的使用与保管：

● 应选用经检验合格的安全带（或防坠器）产品。使用之前应检查产品和包装上有无合格标识。检查安全绳、带有无变质，卡环有无裂纹，卡簧弹跳性是否良好。对于使用频繁的安全绳应经常做外观检查，发现异常时应及时更换新绳，并注意必须加上新防护套后方可再次使用。要经常检查安全带缝制部分和挂钩部分，必须详细检查捻线是否存在裂断和残损等缺陷。使用防坠器前应检查绳带有无变质，卡环有无裂纹，卡簧弹跳性是否良好，自锁器上、下灵活度是否自如。如自锁器下滑不灵活，可半拉弹簧适当调整并试锁1～3次，以确保锁止功能可靠。如发现异常，必须停止使用。在使用后要经常检查防坠器自锁部分和挂钩部分功能是否良好。

● 高处作业如安全带（或防坠器）无固定挂处，应采用适当强度的钢丝绳或采取其他方法。禁止把安全带（或防坠器）挂在移动、带尖锐棱角或不牢固的物件上。

● 使用安全带（或防坠器）过程中，应高挂低用或水平悬挂，杜绝低挂高用。使用时应防止发生摆动、碰撞，禁止接触明火。在低温环境中使用安全带时，应注意防止安全绳变硬、变脆而被割裂。

● 不能将安全带（或防坠器）的安全绳（或钢丝绳）打结、扭结使用，以免发生冲击时安全绳（或钢丝绳）从打结处断开，应将安全钩挂在连接环上，禁止直接挂在安全绳（或钢丝绳）上，以免发生坠落时安全绳（或钢丝绳）被割断。

● 严禁将安全带擅自接长、私自拆卸使用。如果需要使用3 m及以上的长绳时必须加缓冲器，必要时，在专业人员指导下，可以联合使用缓冲器、自锁钩、速差式自控器。

● 安全带（或防坠器）应储藏在干燥、通风的仓库内，禁止接触高温、明火、强酸、强碱或尖锐硬物，也不能暴晒。搬动时不能使用带钩刺的工具，运输过程中要防止日晒雨淋。

● 根据安全带检验方法规定，安全带整体和各部件应做负荷试验，分静荷重和冲击试验两部分。静荷重试验应定期（每6个月）按批次进行，试验荷重为225 kg，试验时间为5 min，试验后检查是否有变形、破裂等情况，并做好记录，不合格的安全带应及时处理。进行冲击试验时，用80 kg重物做自由落体试验，若不破断，该批安全带可继续使用。对抽试过的样带，必须更换安全绳后才能继续使用。使用频繁的绳，应经常做外观检查，发现异常时应立即更换新绳，带子使用期为3～5年，发现异常应提前更换。

● 速差防坠器每次使用时需进行检查，确保设备能正常工作；每半年检测一次。使用速差防坠器进行倾斜作业时，原则上倾斜度不超过30度，30度以上必须考虑能否撞击到周围物体。

速差防坠器

安全带

眼面防护用品——护目镜

眼睛是我们很容易忽视保护的一个重要器官，我们的眼睛极易受到外界危害受损，所以，在可能导致眼部受到伤害的工作场所，应正确使用护眼用具。

眼面防护四步骤：

（1）识别眼面部危害：主要包括冲击物、热、化学物、粉尘、光辐射、手部传染到眼部的污染物等。

（2）了解危害物对眼睛的危害：

● 固态飞溅物：引起继发性青光眼、白内障，怕光，流泪，视疲劳，夜间看灯光周边有彩虹式光圈。尖锐物体意外刺入眼内或小碎块高速弹入眼内会发生眼球击穿。

● 化学飞溅物：引起眼灼伤、疼痛、畏光、流泪、不能睁眼、视力减退。重者眼睑糜烂肿胀、结膜苍白乃至坏死，角膜呈灰白色浑浊，瞳孔缩小。

● 化学物刺激：对眼睛有刺激的化学品蒸汽可使人眼疼痛、流泪，如甲醛等有毒的化学品可引起失明。

（3）选择合适的眼面部防护用品：口罩、防护眼镜及防毒面具。

在有危害健康的气体、蒸汽、粉尘、噪声、强光、热辐射和飞溅火花、碎片和刨屑的场所操作的工人，应该按照《中华人民共和国职业病防治法》（2011年修订）中第四十条"劳动者享有下列职业卫生保护权利"进行自我保护：

——了解工作场所产生或者可能产生的职业病危害因素、危害后果和应当采取的职业病防护措施；

——要求用人单位提供符合防治职业病要求的职业病防护设施和个人使用的职业病防护用品，改善工作条件。

（4）掌握正确地使用和维护防护用具。

防磨防爆常用护目镜分类：

● 安全眼镜——适用于阻隔微粒、飞屑、碎片冲击。

● 防护式眼罩——适用于阻隔尘埃、微粒、飞屑、化学品溅液及烟雾。

护目镜在防磨防爆工作中的应用与保存：

- 锅炉短时间停备或爆管，炉内未进行高压水冲洗时使用。
- 确认水压漏点性质类别时使用。
- 佩戴时应根据个人情况，选择合适的型号，松紧应适度。
- 用后应及时用流动的水对护目镜进行冲洗清洁，以防镜片发生划痕、磨损而阻碍视线。
- 护目镜不使用时，应放入镜盒内，妥善保管。

听力防护用品——耳塞

人长时间在高噪声下工作会导致失聪。在间歇性噪声环境下工作，也会使人烦躁，注意力难以集中，损坏听觉甚至引起意外。人的听觉一旦损伤将无法复原，所以要保护好我们的听觉，正确佩戴听力防护用品。

保护听觉的防护用品主要有：

- 隔音棉：一次性短期使用，对于高噪声环境不适用。
- 弹性耳塞：可以清洗，多次重复使用。
- 发泡耳塞：压缩放入耳道后可以自动鼓胀恢复原状。
- 耳罩：隔音量高，适合高度噪声下使用，可与安全帽配合使用。

正确佩戴耳塞的方法：

以左手绕过后脑，轻提右耳顶端，使耳道张开，将耳塞放入耳道，轻压并插入。以右手绕过后脑，轻提左耳顶端，使耳道张开，将耳塞放入耳道，轻压并插入。

耳塞在防磨防爆工作中的应用与保存：

- 受热面泄漏报警后，机组停运前对漏点位置查找与确认时使用。
- 受热面联箱膨胀指示器热态检查与记录时使用。
- 四大管道支吊架、联箱支吊架热态检查与记录时使用。
- 耳塞使用完毕后应及时清洗，干燥后置于专用盒内保存。

呼吸防护用品——防尘口罩

佩戴呼吸防护用品的作用主要是为了减少或防止从业人员吸入粉尘及有毒有害气体，保障生命安全和身体健康。

遇到下列各种危害情况时，需要使用相应的呼吸防护用品：

● 空气中的氧分不足（氧含量小于19%）。

● 粉尘：一般是由固体物料受机械力作用粉碎而产生。常见粉尘如煤尘、矽尘、纤维状石棉尘、水泥尘、锅炉受热面飞灰尘。

● 烟：一般由悬浮于空气中的微小颗粒产生，颗粒度通常小于粉尘。其中焊接烟一般是由金属氧化物产生。

● 雾：一般由空气中的蒸汽冷凝液体喷洒产生。常见如喷漆产生的漆雾。

● 气体：常温、常压情况下，以气体形态存在的有害物。如：氯气、一氧化碳、硫化氢及二氧化硫等。

● 蒸汽：常温、常压情况下，以液态或固态存在的物质蒸发产生的气体。如：苯、甲苯、汽油和汞蒸汽等。

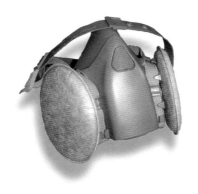

呼吸防护用品的分类：

- 防尘口罩（缺氧环境应禁止使用）——有多次使用和用后即弃型两种。
- 防毒面具（缺氧环境应禁止使用）——配有可更换的滤毒盒和滤纸棉。
- 自供呼吸器（适用于缺氧环境）——配有可携带的氧气瓶。

防尘口罩在防磨防爆工作中的应用与保存：

- 炉内灰尘较多，进行防磨防爆作业时必须佩戴防尘口罩。由于防尘口罩的滤芯不能水洗，如果出现破损或呼吸阻力增大时，说明滤纸功能下降，应立即更换。
- 使用前必须进行面部贴合测试，确定用具紧贴面部。作业人员必须按要求佩戴防尘口罩，口、鼻完全与口罩的密封面结合，不能留有缝隙，以防粉尘通过口鼻进入肺部。松紧带应根据个人情况调整，可直接系于头部，也可间接系于安全帽外部。
- 使用完毕后应及时进行内、外部清洗或清洁，不可接触高温、明火、强酸、强碱，不要存放在潮湿的仓库中保管。

防护工作服——连体服

　　防护工作服是人们在生产过程中，抵抗环境各种有害因素的一道屏障。所以科学地选择防护工作服成为安全生产的重要组成部分。

防护工作服按照职业危害分类主要有：

- 一般防护服
- 阻燃工作服
- 高温隔热服
- 防酸碱工作服
- 防静电工作服
- 防毒服
- 反光服
- 防油拒水工作服

连体服在防磨防爆工作中的应用与保存：

- 连体服属于一般防护服装范畴，其主要功能是在检查作业过程中防止管材机械磨损对人体造成伤害。分为春秋装、夏装、冬装三款。
- 位于连体服前胸和后背部位的夜视荧光条，将提高作业人员在炉内操作时的能见度，提醒周围人员，降低危险因素的发生。
- 穿着前，应仔细进行检查其有无破损，拉链是否灵活，是否影响工作。
- 工作完毕后，应及时进行清洗，晾干后整齐摆放在衣帽柜中。发现磨损、撕裂等情况时应及时修补。

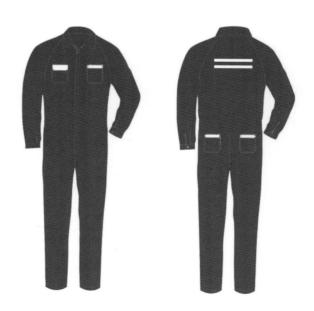

手部防护用品——防护手套

在生产过程中，手尤其是手指是人体受伤概率最高的部位。造成手部伤害的因素多种多样，大致可归纳为以下几种：火、高温、低温、电磁、电离辐射、电、化学物质、撞击、切割、擦伤、微生物侵害以及感染等。

在生产过程中，使用手部防护用品（特别是防护手套）就成为预防手部伤害的主要辅助措施。

常见的防护手套种类有：

- 一般作业用手套（棉质/皮革）
- 耐酸碱手套
- 焊工专用手套
- 防切割专用手套
- 防振手套
- 一次性手套
- 带电作业用绝缘手套

防护手套在防磨防爆工作中的应用与保存：

- 防护手套分棉质和皮革两种款式，属于一般作业手套范畴，其主要功能是在检查作业过程中防止管材机械磨损对手掌、手指造成划伤。
- 工作前，应仔细进行检查，禁止佩戴有磨损、裂口的防护手套。
- 穿戴防护手套，应松紧适度，手指伸缩自由，手套后端应系紧，防止灰尘等杂物进入手套内。
- 工作完毕，应及时进行清洗，晾干后整齐摆放在衣帽柜中。发现磨损、撕裂等情况时应及时更换。

足部防护用品——防滑鞋

防护鞋的作用是使用一定的特殊材料或外加屏蔽材料，采取阻隔、封闭、吸收、分散等手段，保护足面、足趾和足底免受外来侵害。

选择适合的安全鞋——脚部直接或间接受到的主要伤害有：

- 被坚硬、滚动或下坠的物体碰触；
- 尖锐的物体刺穿鞋底或鞋身；
- 被锋利的物件割伤，甚至使脚部表皮撕裂；
- 场地湿滑、跌倒；
- 接触化学品、熔化的金属、高温及低温的表面；
- 在充满易燃气体的环境中，若静电的处理不恰当，会引起爆炸。另外，足部的导电性也可增加触电危险。

防滑鞋在防磨防爆工作中的应用与保存：

- 防滑鞋分皮质单鞋和棉鞋两种款式，其主要功能是在检查作业过程中，攀爬脚手架、受热面、联箱、灰斗等部位时，防止坚硬物体对脚掌、脚趾造成挤伤。
- 工作前，应仔细进行检查，禁止穿着有开裂、变形的防滑鞋。
- 穿着防滑鞋时，鞋带应系牢绑好，松紧适度。鞋带较长时，应藏于连体服裤腿内衬弹簧扣里面或塞于鞋内，不能外露。以免行走或攀爬过程中，与异物缠绕，发生危险。
- 工作完毕，应及时对鞋面进行擦拭，并置于通风处晾干后整齐摆放在鞋柜中。发现防滑鞋有破损或撕裂等情况时应及时更换。

关节防护用品——护膝、护肘

　　膝盖是人体在运动中用到的极其重要的部位，同时又是一个比较脆弱容易受伤的部位，并且是受伤时极其疼痛且恢复缓慢的人体重要关节之一。手肘也是人体最坚硬的身体部位之一。

护膝、护肘在防磨防爆工作中的应用与保存：

　　● 作业人员在防磨防爆检查作业中，在低矮的受限空间，跪行、爬行或匍匐前行时，为避免膝盖和手肘关节被管壁碰伤、挤伤、磕伤，需正确佩戴护膝及护肘。

　　● 对于防磨防爆检查人员来说，与冰冷的钢管打交道是家常便饭。养成佩戴加厚毡垫护膝及护肘的习惯，对于膝关节及肘关节的保暖也是另一重要作用，可以避免关节炎发生。

　　● 应使用正规防护用品厂生产的护膝与护肘。使用完毕，应及时清洗晾干，妥善保存。发现损坏应及时更换，避免使用破损护具从事日常工作。

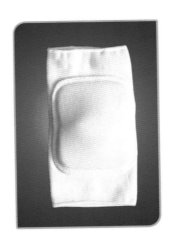

第三节 岗位必备检查工具、量具介绍

岗位工具、量具简介：

从事防磨防爆的检修人员需要按规定正确使用工具、量具，切实起到辅助检查工作的作用。所使用的工具、量具必须选用国家允许的制造商和经销商经营的符合国家标准的产品。使用前，必须进行精度或量程校准，校准误差超标的工具、量具，一律禁止使用。

（一）检查工具主要有：强光手电、便携式头灯、对讲机。

照明工具——强光手电

强光手电筒用途广泛，现在很多环境场合都在使用。其最大特点是强光照射、随身携带方便、CREE LED寿命长。可充电锂电池作为电源，高硬强度铝合金作为外壳。根据不同的特点和使用场合，设计为不同的专用手电。

强光手电在防磨防爆工作中的作用及其使用说明：

- 主要作用是帮助作业人员查找并发现管材缺陷及隐患。
- 使用前检查电筒是否充满电，方法是首先把充电器和手电筒连接好，将充电器的DC头插入手电筒充电的DC座，然后将充电器插入AC 220 V插座，充电器先亮绿灯，过2~5 s亮红灯进入充电状态，然后经过10 min左右亮绿灯，说明手电已充好电，电量是满的，可以使用；如果充很长时间没转绿灯，说明手电没充满电，要继续充电，等到转绿灯后方可使用；所以使用前先检电，使用后必充电。（工作结束后，因为手电已经使用了8 h左右，电筒的电量基本耗光，为保证下次工作时能及时正常地使用手电，使用后要及时充电，以免造成手电超低压使用，电量缺乏，电压过低，因为出现这样的情况时易损坏手电，如烧坏保护弹簧，烧坏电池组，电池组发热充不进去电，电池组没充多久就充满，电池组充满电后使用时间变短等不良现象。）
- 手电请勿在超低压状态下使用，发现灯光明显变暗或出现抖动时，说明手电电量将要耗尽，处于超低压状态了，需及时充电。
- 电筒的开关为新型电子开关，MCU控制，无须用力，轻轻按压即可，使用寿命理论在50万次以上，实际使用寿命最少在20万次以上，切忌：因为按压没有响声而拆开电子开关！
- 手电采用的是环保节能超亮的进口大功率LED灯，寿命在100 000 h以上，不亮时请勿怀疑是LED损坏，更不要拆开灯头，以避免造成手电内部电

源线断裂或短路损坏电筒内部的控制电路！

● 注意充电座不要进入金属线和金属丝，以免引起短路，充电完成后，把DC座塑胶保护帽装入DC座内。

● 手电筒的正常充电状态：充电时，充电器先开启绿灯，2～5 s后转红灯并进入充电状态（指示灯亮红灯），当经过几个小时后，指示灯再转换为绿色时表示电池已充满。如果在开始充电时，充电器在2～5 s后没转红灯，说明：充电器和手电没连接好；电源插座或许没电，电源开关没打开。

● 手电筒的保存：电筒不用充满电保存，有一半的电量就可以，因为手电不使用的时候，自身的耗电量很小很小，几乎可以忽略不计。放假期间请把手电用塑料袋装好，统一保管，每次工作前集中一起充电，并做记录，充满电后，最好再做一次充放电测试，激活电池的化学能量（活性元素），使电池能量转换处于激活状态，让手电保持最佳的工作状态；然后再充满电，这时充满电的手电就可以正常使用了。

● 进入现场工作前，除保证电筒电量充足外，还应检查手电配饰系带是否完好，挂钩是否牢固，应无变形、无脱开现象。检查合格后，手电应配备保护套并斜挎在肩使用。

● 使用过程中，禁止将手电光柱直射双眼，以免对视力造成伤害。

● 充电务必在安全场所进行，远离易燃易爆物体。

● 手电故障时，应及时联系厂家维修人员，切不可随意拆卸。

照明工具——便携式头灯

头灯，顾名思义，是戴在头上的灯，是解放双手的照明工具。

头灯在防磨防爆工作中的作用及其使用说明：

- 作业人员在上下攀登脚手架时，打开头灯增强照明，可以解放双手，专心攀爬。
- 作业人员在手写记录缺陷时，打开头灯增强照明，可提供固定光线，从容记录。
- 作业人员在低矮的受限空间，跪行、爬行或匍匐前行时，打开头灯增强照明，可以解放双手，提高工作效率。
- 进入现场工作前，除保证头灯电量充足外，还应检查头灯配饰固定系带是否完好、无破损。检查合格后，应将头灯端正固定在安全帽上一同使用。
- 头灯的使用说明参照强光手电。

通信工具——无线电对讲机

无线电对讲机是一种短距离双向移动通信工具，在不需要任何网络支持的情况下，就可以通话，适用于相对固定且频繁通话的场合。对讲机提供一对一、一对多的通话方式，一按就说，操作简单，令沟通更自由，尤其是紧急调度和集体协作工作的情况下，这些特点是非常适用的。

对讲机在防磨防爆工作中的作用及其使用说明：

- 使用升降平台时，进行炉内、外通信联系的主要工具。

- 水压试验时，确保炉内检查情况随时与炉外人员沟通的主要工具。
- 检查人员在不同作业面工作时，可以随时互相联系，告知工作情况。
- 使用之前，首先检查对讲机是否能正常工作。
- 按住对讲机开关按钮，相互呼叫，校验信号是否清晰且传输准确。
- 对讲机在使用呼叫过程中出现断音或听不清对方呼叫时，表明对讲机电量减弱，提醒需充电。
- 当对讲机正在发射信号时，保持对讲机处于垂直位置，并保持话筒与嘴部2.5～5 cm的距离。发射信号时，对讲机距离头部或身体至少2.5 cm。如果将手持对讲机携带在身体上，发射信号时，天线距离人体至少2.5 cm。
- 使用过程中不要进行多次开机关机的动作，同时应把音量调整到适合您听觉的音量。
- 充电：将对讲机插入充电插座(红灯为充电状态，充满后，转为绿色)，充电时间约为4 h。
- 充电务必在安全场所进行，电池包装不可随意拆卸。
- 充电时远离易燃易爆物体等场所。
- 对讲机长期使用后，按键、控制旋钮和机壳很容易变脏，请从对讲机上取下控制旋钮，并用中性洗剂（不要使用强腐蚀性化学药剂）和湿布清洁机壳。使用诸如除污剂、酒精、喷雾剂或石油制剂等化学药品都可能造成对讲机表面和外壳的损坏。
- 轻拿轻放对讲机，切勿手提天线移动对讲机。

（二）记录工具主要有：照相机、望远镜、笔记本、记录
笔、记号笔。

影像采集工具——数码照相机

数码照相机是一种利用电子传感器把光学影像转换成电子数据的照相机。

照相机在防磨防爆工作中的作用及其使用说明：

- 用于记录、采集检修现场第一手设备资料。
- 使用时应注意观察电量，及时充电，避免电量不足，影响现场影像记录工作的完成。
- 使用时还应注意防尘、防污、防漏液、防潮、防震、防霉、防冷热、防静电。

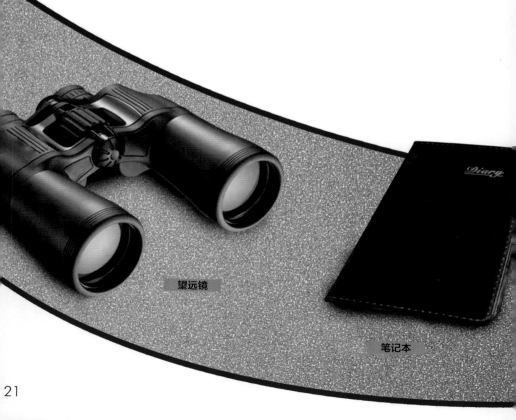

望远镜

笔记本

远距离观察判断工具——望远镜

望远镜在防磨防爆工作中的作用及其使用说明：

- 用于远距离观察脚手架未能到达的作业面，判断缺陷性质，可以为缺陷处理提供参考。
- 使用时防止磕碰、磨损。
- 使用后注意用专业镜头布擦拭并封盖镜头盖，妥善保存。

手写记录工具——笔记本、记录笔、记号笔

笔记本、记录笔、记号笔在防磨防爆工作中的作用及其使用说明：

- 标记缺陷、记录缺陷的第一手记录工具。
- 应妥善保存，避免工作中丢失或掉落，给数据汇总工作带来损失。
- 属于办公耗材，应及时更新。

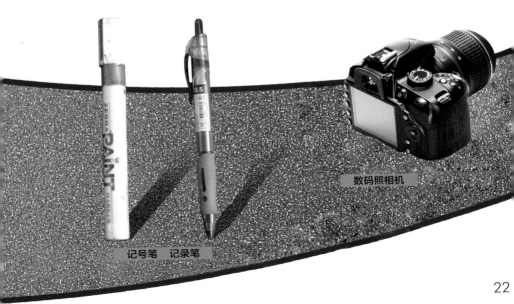

数码照相机

记号笔　　记录笔

（三）管壁打磨及携带工具主要有：锉刀、钢丝刷、砂纸
和工具包。

氧化皮、锈蚀清理工具——锉刀、钢丝刷、砂纸

锉刀、钢丝刷、砂纸在防磨防爆工作中的作用及其使用说明：

- 用于去除管材表面的保温材料、氧化皮、锈蚀等杂质，为准确测量管子壁厚或外径数据做准备。
- 属于消耗品工器具及耗材，应及时更新。

收纳工具——工具包

工具包在防磨防爆工作中的作用及其使用说明：

- 有序收纳检修工具、量具，避免遗漏。
- 工作时，暂时不使用的工具、量具应装入工具包内，严禁直接将工器具放在平台、架板、管道上。不方便随身携带的工具包应挂在结实牢靠部位，防止掉落伤人。

工具包

砂纸

钢丝刷

锉刀

（四）测量工具主要有：金属超声波测厚仪、测厚仪校准量块、壁厚检测专用耦合剂、游标卡尺等。

管子壁厚测量工具——测厚仪（校准量块、耦合剂）

测厚仪在防磨防爆工作中的作用及其使用说明：

● 超声波测厚仪在每一次使用前应校准，测量管子壁厚时要涂抹耦合剂；测量缺陷超标管时应在缺陷表面多点测量进行对比，读数时应取最小值。

● 校准量块：配合测厚仪在使用前进行精度校准，量块要妥善保存，防止磨损。

● 耦合剂：配合测厚仪在使用中正常工作，记录数据。

● 工作前，应及时更换电池，保证电量充足。

● 工作完毕后，应及时关闭电源并将探头表面黏结的耦合剂擦拭干净，妥善保存。

管子外径测量工具——游标卡尺

游标卡尺，又称为游标尺或直游标尺，是一种测量长度、内外径的测量仪器。

游标卡尺在防磨防爆工作中的作用及其使用说明：

● 主要用于测量管材外径，记录飞灰磨损减薄量。

● 也可用于对缺陷管管壁凹坑或鼓包的最大外径与最小外径进行测量，通过椭圆度计算是否超标，衡量管子是否需要判废更换。

● 使用时应先校准卡尺，主尺与游标附尺零线刻度应该对齐，读数时眼睛应与刻度线垂直，禁止使用卡尺敲击管壁来调整测量量程。

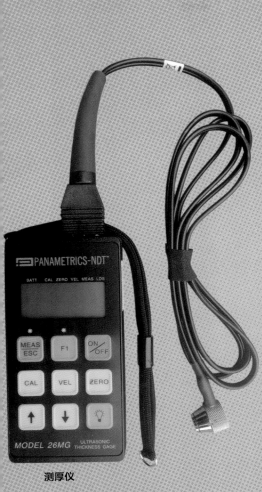

测厚仪

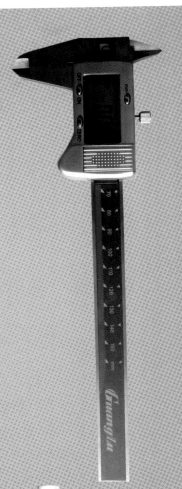

游标卡尺

校准量块

耦合剂

26

第三章　防磨防爆检查作业危险点与控制

第一节　危险点分析的基本概念

一、什么是事故

事故是一系列事件和行为导致的不希望出现的后果。

二、什么是风险

风险是导致事故的概率或可能性。

三、危险点和事故的关系

事故是由危险点逐渐生成、扩大和发展所导致的，在危险点的量变期间，如果不重视而任其产生质的变化，就会导致事故的发生。

四、危险点分析及控制的特点

- 诱发事故的原因归纳为危险点的存在；
- 危险点演变成事故是一个逐渐生成、扩大、临界和突变的过程；
- 预防事故的重点，应放在分析和控制危险点上；
- 习惯性违章是生成、扩大危险点甚至是危险点发生突变的重要因素。

第二节 危险点的含义和特点

一、危险点的定义

危险点是指在作业中有可能发生危险的地点、部位、场所、工器具和行为动作等。

二、危险点的内容

- 有可能造成危险的作业环境和场所；
- 有可能造成危险的工器具隐患；
- 作业人员在作业中违反安全工作规程。

第三节 防磨防爆工作危险点分析与防控措施

一名合格的防磨防爆检查专业人员，应严格遵守《防磨防爆专业安全规章手册》，将饱满的工作热情投入到每一天的工作中，确保生产现场不发生人身伤害事故。

炉内受热面检查准备工作注意事项

1. 工作负责人在接到机组正常停炉防磨防爆检查任务后，应首先100%办理标准热机类第一种（或第二种）工作票，待各项运行安全措施、危险点分析与控制措施全部正确实施后，方可带领工作班成员进入作业现场，准备开始检查工作。

2. 工作班成员准备开始进行炉内、外防磨防爆检查作业前，必须将随身携带的安全工器具及个人劳动防护用品进行全面仔细检查，确认无破损、无异常情况后，方可带入检修现场，严格且正确按照安全规范或操作规范使用。

3. 当工作班成员到达工作现场后，应由工作负责人组织全体成员进行"三讲一落实"活动，向每一名参加检查作业的员工提前明确工作任务，告知作业过程中可能遇到的危险点及注意事项与控制措施，并要求作业班每个成员在"危险点分析与控制措施票"上进行签字确认。

4. 严禁在使用的脚手架材料中混有不合格品；所有炉内、外检查脚手架高度在5 m以下（含5 m）时，应由车间领导组织验收；高度在5～10 m以下（含10 m）时，应由副总工程师组织验收；高度超过10 m时，首先应进行结构设计，并由总工程师或厂级生产副职组织验收。脚手架未经上述人员验收以及未履行签字验收手续的，一律禁止使用。

5. 工作人员在进入燃烧室人孔门前，应首先通过人孔门小心观察内部工作环境，确认无危险隐患后，采取适合自己的姿势进入燃烧室，同时，将随身携带的测量及检查工器具等物品通过工具袋以手递手传递方式交给内部工作人员。

小心触电

6. 炉内进行防磨防爆检查工作时，照明应充足，可由电气专业人员安装铺设110 V或220 V临时性固定照明。为防止火灾发生，炉内禁止使用碘钨灯，建议使用汞灯，灯线应为橡胶防水线，灯线接入人孔或观火孔等孔洞时需要敷设绝缘胶皮进行保护，防止灯线橡胶外皮破损，发生人员触电危险。灯线及电焊线应绝缘良好，安装牢固，应悬吊在碰不到人的地方，安装后必须由检修负责人检查验收。禁止带电移动110 V或220 V的临时电灯。

34

7. 燃烧室照明布置规定：前炉膛可以由折焰角斜坡位置左右两侧的人孔门接入两盏汞灯，悬吊于折焰角下方区域；待升降平台在前屏底部位置停靠后，可由前墙水冷壁观火孔再接入两盏汞灯补充炉膛照明；水平烟道位置可以在顶棚过热器下方4～5m垂直区域沿炉膛宽度左右两侧悬挂两盏汞灯；尾部竖井位置可以根据相应检查位置悬挂多盏汞灯。

8. 燃烧室内部检查所用照明电源及升降平台卷扬机电源应使用独立电源箱，且电源箱应设有醒目安全标识，应做到"一机"、"一闸"、"一漏"、"一箱"，禁止其他工作班人员随意拉闸接电另作他用。

一机、一闸
一漏、一箱

9. 燃烧室及烟道内的温度在50℃以上时，不允许进入内部进行防磨防爆检查工作。若有必要进入到50℃以上燃烧室或烟道内进行短时间的检查作业时，应制定出相应具体的安全措施，并设专人监护，同时应报厂总工程师批准。

10. 机组正常状态下检修，进入燃烧室对炉墙或水冷壁进行检查之前，应使用高压消防水或高压水枪进行除焦工作，清焦应从上部开始，逐步向下进行。在机组紧急停炉状态下未能预先清扫燃烧室积灰结焦或水冲洗时，工作负责人必须首先查明燃烧室、折焰角及第一段烟道内部确实没有悬挂着的大块焦渣和热灰，且没有损坏的炉墙、耐火砖以及其他可能塌落的物件时，检查各项安全措施，确认无误后，方可允许工作人员进入燃烧室对受热面进行检查工作。当遇有可能掉落的砖块和焦渣时，应通知专业除焦人员将其彻底打落后方可开始工作。

使用脚手架、爬梯注意事项

1. 水冷壁冷灰斗检查用脚手架必须在捞渣机（或干渣机）壳体底部生根，并确保牢固可靠，架板铺设密度应足够，工作人员在检查过程中，必须佩戴双钩保险安全带，并将挂钩固定在牢固物件上，禁止低挂高用或平行挂用。在架板通道上行走时，安全带挂钩应交替轮换使用，必须保证至少有一个安全带挂钩可靠牢固。

攀爬姿势应正确
安全带挂扣应正确

2. 北方冬季检修，由于燃烧室内部气温较低，当炉膛进行高压水冲洗后，管排与架板上可能会有结冰现象，应及时采取投送暖风器等融冰措施，提高炉内温度。禁止工作人员在脚手架板有冰的情况下进行防磨防爆检查作业工作。

3. 禁止多名作业人员同时站在同一块脚手架板上进行检查工作，人员之间应相互提醒，相互督促。每一块架板上人员和物体等的重量不得超过脚手架的荷载（每块架板最大荷重225 kg）。

4. 对受热面进行高空检查作业时，所使用小件工具、量具在脚手架板层间传递时应使用工具袋并以"手递手"方式进行传递，禁止上下抛接，要用绳系牢后往下或往上吊送。对于较大工具应用绳拴在固定的构件上，不准随便乱放，以防从高空坠落，打伤下方人员或发生击毁脚手架事故。

5. 上下脚手架应走斜道或梯子，不应沿绳、脚手立杆、栏杆或借构筑物攀爬。工作人员攀登爬梯过程中，需打开头灯，人员之间保持相互距离，逐档检查爬梯是否牢固，手抓牢，脚踩实，逐一上下，不可催促、拥挤、打闹等，同时周边其他工作人员应随时对攀爬人员进行提醒。禁止两手同时抓一个阶梯，进行上下攀爬。

使用升降平台注意事项

1. 炉内升降平台是火电厂特种作业设备，属公司级重大危险源，防磨防爆检查人员在使用炉内升降平台时要严格执行地方安监局、厂安监部、厂设备部、使用部门负责人、使用工作负责人及负责搭设部门共六方面人员的共同验收确认。升降平台在未经验收合格前提下，任何人员都应禁止擅自使用。

2. 炉内升降平台禁止超载运行，进出升降平台的工作人员应该严格进行人数登记，使用升降平台的作业人员人数有严格规定：不应多于9人，且不应少于4人。禁止1个人进入炉内升降平台作业。

3. 使用升降平台进行炉膛水冷壁检查工作时，应严格遵守升降平台使用要求，炉内平台指挥人员和炉外平台卷扬机操作起重人员必须时刻保持通信畅通并掌握相关起重机升降口令及注意事项，应配备双套无线电通信设备。炉内平台操作人员应相对固定，必须经过技术培训和考核合格取得有效证书，工作经验不足者，应禁止操作升降平台。

4. 在利用升降平台对水冷壁燃烧器边角区域进行检查时，检察人员应注意与升降平台四周防护栏保持一定安全距离，并选择结实牢固的构件或专为挂靠安全带设置的钢丝绳卡环上正确使用安全带、防坠器或麻绳，以防发生高空坠落事件。禁止将安全带、防坠器挂在移动或不牢固的物体上。

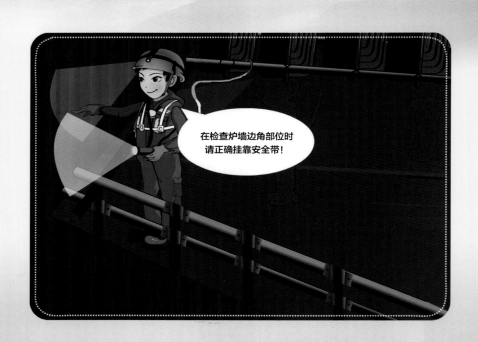

5. 升降平台在使用过程中，用来吊拉炉内升降平台所用的钢丝绳和大绳，应保护其不与穿墙孔边缘棱角相互摩擦，其直径应根据计算决定。吊物的安全系数不小于6，吊人的安全系数不小于14。主梁钢丝绳及防坠器处必须设有专人看护，炉内操作人员发现异常或不安全因素时应迅速停止平台运行，报厂领导或专业人员进行处理。对操作人员违章指挥，强令冒险作业时，作业班检查人员有权拒绝执行工作任务。炉内升降平台禁止带故障运行。

人员要分散站立分配载荷，
将安全带卡环紧扣于
可靠牢固部位！

6. 在平台升降过程中，平台上方人员应该依照平台面积分散站立分配载荷，并将安全带卡环紧扣于主钢丝绳吊钩内或四周防护栏杆等牢固可靠位置。

7. 在升降平台运行过程中，临近四周水冷壁墙吹灰器孔或火检孔等部位时，燃烧室升降平台操作人员应格外小心，需提前观察，发现有吹灰器枪管或火检冷却风管伸入炉内时，应及时停运升降平台。在与运行人员取得联系并将设备退出燃烧室后，升降平台方可继续使用，以免发生剐蹭事件。

8. 当升降平台到达锅炉设计有低温壁式再热器入口弯头部位时，应通知卷扬机操作人员采取点动方式控制开关，控制平台上升速度。对于入口弯头与升降平台间隙较小部位容易发生剐蹭时，平台上检查人员应合力推墙，使平台小心避开弯头，以免发生剐蹭事件。

9. 对于超临界或超超临界具有"双炉膛"设计的锅炉，炉膛受热面检修时通常会设计有左、右两幅升降平台。禁止炉内检查人员站在一幅平台上同时操作另一幅平台同升同降，避免两幅平台之间或平台与四周墙壁障碍物发生相互碰撞，导致人员坠落或平台损坏事件发生。

使用吊篮注意事项

1. 非特殊场所作业，不宜使用吊篮。当特殊场所需要使用吊篮对局部受热面进行检查工作前，必须经过仔细设计以及地方安监局、厂安监部、厂设备部、使用部门负责人、使用工作负责人及负责搭设部门共六方面人员的共同验收确认。吊篮平台、悬吊机构、提升机构、主制动器、辅助制动器、安全保护装置必须符合GB 19155对高处作业吊篮的要求。吊篮在未经验收合格前提下，任何人员都应禁止擅自使用。

2. 吊篮平台上应装设有固定式安全护栏，靠近工作面一侧高度应不小于800mm，后侧及两边高度应不小于1100mm，且护栏应能承受1000 N水平移动的集中载荷。吊篮平台如果装有门，其门不得向外开，门上应装设有电气连锁装置。检查人员进入吊篮前必须佩戴好安全带、防坠器、安全帽、防滑鞋，进入后必须马上将安全带上的自锁钩紧扣在悬挂于炉顶棚牢固部位的专用钢丝保险绳的卡环上。

3. 吊篮在每天使用前，应经过安全检查员核实配重和检查悬挂机构，并进行空载运行，以确认设备处于正常状态。严禁吊篮超载运行，操作人员与检查人员不得少于2人，并根据吊篮额定载荷与人体重量大致均匀分布吊篮内总荷重。

4. 吊篮上的操作人员应经过技术培训和考核合格取得有效证书。并为操作人员配置独立于悬吊平台的安全绳及安全带或其他安全装置，应严格遵守操作规程。吊篮操作人员发现事故隐患或者不安全因素，必须立即停止使用吊篮。报厂领导或专业人员进行处理。对管理人员违章指挥或吊篮缺陷隐患未彻底消除而强令冒险进行检查作业时，作业班成员有权拒绝工作。

5. 吊篮在升降运行过程中应与水冷壁墙面最小相距10 cm
以上距离，遇到墙面有凸出障碍物时，作业人员应合力推墙，
使吊篮避开障碍物。

作业期间禁止打闹

6. 吊篮在正常使用时，严禁使用安全锁制动。吊篮上使用的便携式电动工具的额定电压值不得超过220 V，并应有可靠的接地。严禁检查作业人员在吊篮平台上做猛烈晃动或"荡秋千"等危险动作。

炉内受热面检查工作中注意事项

1. 工作负责人应根据工作票检查范围合理划分工作区域，作业班成员应有秩序地进行受热面检查工作，避免上下交叉作业，防止落物伤人。

59

2. 工作人员进入生产现场进行防磨防爆检查工作时，必须正确佩戴安全帽、安全带、防坠器等随身防护用品，应时刻注意周围环境，预防危险发生。

3. 在燃烧室内部进行受热面防磨防爆检查作业时，不应少于2人，并且炉外必须设有监护人方可进行工作。脚手架应搭设牢固可靠，脚手板铺满铺严，不得有探头板，检查人员精力集中，行走要稳，谨防踩空。在工作过程中，检查人员不准随意改变脚手架的结构，有必要时，必须经过搭设脚手架的技术负责人同意。

4. 当锅炉本体作业人员在燃烧室上部进行换管或检修作业时，如果没有可靠的安全隔离措施，防磨防爆检查人员应禁止在燃烧室底部水冷壁冷灰斗部位进行检查作业工作，防止高空落物伤人。

5. 作业人员在检查管与管之间机械磨损导致管壁减薄时，禁止使用撬棍撬开管排间隙直接将手指放在磨损面触摸，以免撬棍突然滑移发生手指挤伤事件。正确作业应使用倒链将管排有效拉开，并在两侧妥善垫放枕木后人员方可进入检查磨损缺陷情况，以防倒链或钢丝绳突然断裂，发生管排挤伤人员事件。

6. 作业人员在尾部竖井水平卧式受热面进行管排检查时，应时刻注意脚下管屏相互间距，最好采取逆管屏间距方式行走，避免将脚卡入管屏发生崴伤事件。

7. 作业人员在水平烟道立式受热面进行管排检查时，应根据自身条件选择管屏间距较大的空间通过，以免身体被管屏卡住发生挤伤事件。

太胖了，我进不去！

8. 工作人员在高空脚手架板检查作业中，必须正确使用安全带，禁止在架板上跳跃、打闹。应加倍注意留在架板上方捆绑架板时打结形成的绑线"小辫"与工作人员防滑鞋鞋带发生缠绕事件，并注意脚下板头与板头搭接部分，防止发生绊倒、磕伤、碰伤，避免发生高空坠落事件。

9. 进入炉内工作，工作人员至少2人以上，且外面必须有1名工作人员监督，所有工作人员进入必须登记，工作结束必须清点人员及工具，确保不遗留在工作室内。在关闭人孔门前，工作负责人应再进行一次同样检查，确认没有人、工具或杂物后再关闭。

水压试验检查注意事项

1. 工作负责人在升压前应检查炉内各部位不应有其他工作人员，如有，应通知他们暂时离开，然后方可开始升压。升压过程中，应停止锅炉内外一切检修工作。锅炉水压试验时，检查人员必须保证联络畅通，通信器材一律使用无线电对讲机，并提前将所有参与水压试验使用的对讲机设置在同一频道内。

2. 参加水压试验的人员要服从指挥。锅炉进行1.25倍工作压力的超压试验时，在保持试验压力的20 min内，禁止任何炉内检查工作。等待降至工作压力并稳定后统一下达检查命令后，方可有秩序分组进入炉内进行检查。发现问题应及时汇报，不得擅自离开工作岗位，更不得独自单人冒险前往查看。

3. 锅炉水压试验时，由于部分脚手架已经提前进行拆除或改装，检查作业人员进入现场时，应重新确认工作环境，确认无危险隐患后方可开始工作。

对容易发生泄漏部位，如：
焊口、弯头、管卡、堵板、封头，
应快速宏观检查，不得长时间停留！

4. 锅炉水压试验检查过程中，工作人员对容易发生泄漏部位，应快速宏观检查，不得长时间停留站立在焊口、弯头、管卡、堵板、联箱封头及异常声响处。

焊　口　　　　　　　弯　头　　　　　　联箱封口

5. 试验过程中当发现管子有渗水、泄漏或残余变形时，应迅速离开泄漏地点，待下达停止升压命令后再对其进行仔细检查。

6. 当需要对水压漏点部位进行缺陷确认时，应提前判断缺陷位置及性质。禁止检查人员正视泄漏点，应与泄漏点保持一定距离，采取侧视或佩戴防护镜观察。

爆管抢修注意事项

1. 锅炉爆管或机组临修在燃烧室内部检查时，如需要启动引风机以加强通风和降温时，需要先通知内部检查人员撤出。待引风机启动后，燃烧室内部灰尘减少后再进入炉内进行检查工作，但此时引风机入口前一段烟道内不准有人工作。

人员先撤到燃烧室外侧，然后
请启动引风机以加强通风和降温！

2. 锅炉爆管抢修时，由于燃烧室、水平烟道或尾部烟道温度较高，工作人员应轮番进入作业现场，不得在作业现场逗留时间过长，以防止人员发生高温窒息。

3. 锅炉爆管抢修时，由于管排温度较高，工作人员应佩戴隔热防滑手套，着装应起到全面保护皮肤作用。禁止使用尼龙、化纤、混纺衣料服装。衣服及袖口必须扣好，以防止皮肤与管排直接接触，造成人员烫伤。

机、炉外管及支吊架检查注意事项

1. 对机炉外管、联箱、导汽管等承压部件进行防磨防爆检查时，工作负责人应首先100%办理标准热机类第一种（或第二种）工作票，待各项运行安全措施、危险点分析与控制措施全部正确落实后，确认所要检查的承压部件确已与运行系统进行有效隔离，内部汽、水或油确已放尽、压力确已到零后，方可带领工作班成员进入工作现场，准备开始检查工作。

2. 禁止对运行机组的机、炉外承压管道或弯头部位进行机械打磨及测量壁厚工作。

抽风机

吹风机

加强通风，降低温度，
防止人员窒息！

3. 紧急停炉时，由于炉顶外部温度较高，需要对炉顶大（小）包或没有包覆的炉顶联箱、穿顶棚部位管段进行检查时，应至少打开大（小）包或炉顶联箱两侧人孔或临时保温检修孔，并在每一侧上方放置一台大功率轴流通风机，其中一台正对来风方向，另一台正对去风方向，用以加强内部通风，防止人员发生高温缺氧窒息。

4. 在炉顶大板梁上行走对炉顶支吊架进行检查时，应打开强光手电及头灯增加照明，正确使用防坠器，当心升降平台在炉顶大板梁定滑轮组中运行的钢丝绳与检查人员身体发生剐蹭，防止人员发生高空坠落。

5. 禁止从楼梯步道直接跳跃栏杆或站在栏杆上跳跃进入到炉顶联箱或导气管及支吊架进行检查作业，防止人员踏空坠落。

禁止从楼梯步道直接跨越栏杆或站在栏杆上跳跃进入到炉顶联箱或导气管及支架进行检查作业，以防发生踏空坠落事件！

6. 进行四大管道椭圆度检测时，由于管道弯头多处于高处悬空状态，脚手架搭设形式多数为悬吊式，悬吊式脚手架应由技术人员进行专门设计，并经本单位主管生产的领导批准后方可搭设。工作人员应使用双钩保险安全带或防坠器，防止人员发生高空坠落事件。